U0346688

小牛顿

植物生存高手

小牛顿科学教育公司编辑团队 编著

繁殖篇

扫描二维码回复【小牛顿】

即可观看独家科普视频

北京时代华文书局

目 录
contents

传递花粉高手

莲 超大花朵吸引目光 4

五星花 小花团结变大花 6

绣球花 花萼变色扮花瓣 8

一品红 叶子欺骗昆虫 10

白花鬼针草 香甜花蜜吸引昆虫 12

马缨丹 花变色提高授粉效率 14

洋地黄 路标引导方向 16

巨魔芋 臭花吸引苍蝇 18

关 于 这 套 书

　　大自然奇妙而神秘，且处处充满危机，野生动植物为了存活，发展出种种独特的生存技巧。捕猎、用毒、模仿、角力、筑巢和变性，变形根、变形刺，寄生与附生的生长方式。这些生存妙招令人惊奇，而动植物们之间的生存竞争也十分精彩。

　　《小牛顿生存高手》系列为孩子搜罗出藏身在大自然中各式各样的生存高手。此书不仅可以让孩子认识动物行为、动物生理和植物生态的知识，更启发孩子尊重自然，爱护生命的情操。

传播种子高手

▶ 本单元含视频

鬼针草有刺果实钩着走　　22

蒲公英乘着小伞飞行　　24

杨树随风而飘的白絮　　26

枫靠翅膀飞行　　28

风滚草风吹滚动到处跑　　30

椰子乘着海水去旅行　　32

秋茄树笔状胎生苗　　34

凤仙花弹跳的种子　　36

特殊繁殖高手

▶ 本单元含视频

空气凤梨侧芽生孩子　　40

落地生根长出小芽的叶子　　42

厚叶草叶子分身术　　44

紫叶酢浆草断裂鳞茎长新芽　　46

草莓长长走茎到处长　　48

莲地下茎四处蔓延　　50

蕨类孢子纷飞繁殖　　52

东方狗脊满满的不定芽　　54

花粉示意图

玉米的花很小，很不显眼，它们的花粉是靠着风传播出去的，因此重量很轻，而且数量非常多，以提高成功授粉的概率。

传递花粉高手

　　花是开花植物繁殖后代的器官，一朵花若要成功繁殖下一代，第一步就是取得花粉，让雌蕊授粉成功，才能够继续发育为可以长出新植株的种子。而植物为了能够成功授粉，采用了不同的策略。有些植物的花粉非常轻，能够随风飘散到别朵花上，完成授粉。而有些植物则是利用动物，例如蜜蜂、蝴蝶等昆虫，来帮忙授粉，这类植物的花朵会以各式各样的方式，例如浓烈的香气、鲜艳的花朵，吸引动物们靠近。花只要授粉成功，就等于是往族群成功生存，又踏近了一步。

雄蕊会释放出花粉，雌蕊上面的柱头沾到花粉，即是完成授粉，接着种子就会在子房里成长。通常雌蕊必须取得别朵花的花粉，才能授粉成功。

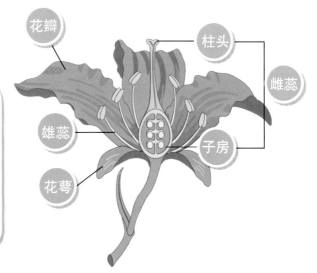

花瓣　柱头　雌蕊　雄蕊　子房　花萼

莲 超大花朵吸引目光

靠动物帮忙传粉的花朵，为了远远就能够吸引动物的注意，各有不同策略，莲是利用超大花朵的策略，大花是最引人注目的一种方法。莲的花朵很大，而且还是亮丽的粉红色或桃红色，就像是路边闪闪发亮的广告招牌，告诉昆虫，花就在这里。大部分帮忙传粉的昆虫视力都不太好，莲利用又大又鲜艳的花朵，让昆虫在远处就能发现，能吸引大量昆虫来帮忙传粉，花朵也可以尽快授粉成功，发育出下一代。

全世界开花植物的授粉者大部分都是昆虫，不过大部分授粉昆虫的视力不佳。与莲一样利用超大花朵策略的，还有睡莲、百合等。

雌蕊

雄蕊

莲的花朵很大，有些种类的莲花，直径可以达到 20 厘米。莲花还具有香味，味道也是吸引昆虫的方式之一。莲花的雌蕊在花中心的圆盘上，而雄蕊则围绕在圆盘的周围。蜜蜂一靠近雄蕊，身上就会沾上许多花粉，当蜜蜂造访另一朵莲花时，这些花粉掉落，就可以让雌蕊授粉了。

五星花 小花团结变大花

　　超大花朵容易引人注意，但有些植物的花朵很小，不容易吸引到传粉动物的注意，所以有些植物开花时，会让小花聚集在一起开花，看起来就像是一朵大花，远远就能看见。五星花就是采取这种团结策略。五星花的一朵小花，呈现五角星形，而且非常小，直径只有约1厘米，不容易吸引到昆虫，因此五星花的数十朵小花会聚集在一起，组成一个半球状的聚合花，聚合花的直径可以达到7厘米以上，远远看起来也很明显，昆虫的拜访概率增加，也使授粉成功的概率增加。

五星花又被称为繁星花，颜色很多，有红色、粉红色、白色等。而小花聚集的数量也不太相同。五星花主要的传粉昆虫是蝴蝶或蛾，蝴蝶与蛾会利用长长的口器，伸进花朵中吸取花蜜。

绣球花 花萼变色扮花瓣

　　绣球花的花非常小，花瓣也很小，对昆虫不太具有吸引力，为了可以招蜂引蝶，绣球花利用花萼来帮助小花吸引昆虫的注意。花萼是花最外层的构造，在花开之前，负责保护花苞，花朵盛开后，花萼通常都不明显，而且呈现绿色。不过绣球花的花萼很特别，花盛开之后，花萼竟然比花瓣还大片，而且呈现出紫色、蓝色等各种鲜艳的颜色，就像是花的花瓣。这些花萼，就代替了花瓣来吸引传粉昆虫，而绣球花的小花，还会好几朵聚集在一起开花，这些变色的花萼，因此形成了一个巨大的花球，变得更加显眼。

有些种类的绣球花，
在花还没有开之前，
花萼就已经变色。

绣球花真正的花就在花萼的
正中间，虽然小，但还是具
备花朵应有的各个构造。

花瓣

雄蕊

花萼

一品红 叶子欺骗昆虫

　　一品红的花不仅非常小，而且还没有鲜艳、显眼的花瓣，所以很不容易吸引到昆虫的注意。一品红的花本身不足以引起昆虫注意，因此一品红让花朵旁边的叶子来帮忙。在非开花期时，一品红的叶子全部都是绿色的，到了开花期，小花周遭的叶子会转变成红色，这些红叶子就像是花朵的花瓣一样，用鲜艳的颜色吸引昆虫。一品红利用小花与叶片的搭配，远远看起来就像是一朵一朵的大花，足以吸引到昆虫的注意，成功完成艰辛的授粉挑战。

一品红的叶子在秋天的开花时期，才会转变成红色。叶片转红，是因为产生了许多花青素，累积在叶片中。

雄蕊

蜜槽

一品红的小花是球状，而且没有花瓣。小花旁边有蜜槽，里面有花蜜，提供给授粉昆虫吃，让昆虫停留的时间增长，以便更充分地完成授粉。

白花鬼针草的一朵花，其实是由许多小花聚集而成，中间黄色的小花，会分泌出许多花蜜。虽然白花鬼针草的花很小，不过因为花蜜多，是蝴蝶和蜜蜂都很喜欢造访的植物之一。

白花鬼针草 香甜花蜜吸引昆虫

　　除了用大型的花朵引起昆虫的注意之外，还有一些植物用分泌出的美味花蜜来吸引昆虫。路边常见的白花鬼针草，在每一朵小花的雌蕊基部，都有着蜜腺，可以分泌出量多又香甜的花蜜，而且还有白色的花瓣，方便昆虫停栖在花朵上，吸食花蜜。白花鬼针草的花利用美食策略，以及贴心的设计，吸引到许多找寻食物的蜜蜂和蝴蝶。而且昆虫为了吸食每一朵小黄花的花蜜，会在花上停留更久的时间，因此有更多的机会，可以带走更多的花粉，帮忙完成传粉的工作。

当昆虫停留在白花鬼针草上时，因为上面的每一朵小花都有花蜜，为了要吸食到全部的花蜜，昆虫会在花上停留比较长的时间，而且会在花上到处移动，这时身上就会沾上许多花粉，当造访另一朵花时，就能帮白花鬼针草完成授粉。

13

马缨丹 花变色提高授粉效率

马缨丹开花时，也是由许多小花聚集在一起开花，形成聚生花，吸引昆虫注意，不过马缨丹还有变色的妙招，来提高花的授粉效率。聚合花中的小花，并不会同时开花，而是会从最外围开始盛开，内侧的花最晚开。小花初开时是黄色的，之后会渐渐变成橘色，最后变成红色，所以在一朵聚合花中，通常可以看到两种颜色以上的小花。马缨丹转变为红色，是用红色来告诉传粉昆虫："我是最早开的花，已经授粉成功，也没有花蜜了！"传粉昆虫便不需耗费时间在已授粉的花朵上，它可以专心于其他未授粉的花，昆虫的授粉效率提高，因此增加了花朵的授粉概率。

选黄色的花才
有花蜜吃喔！

洋地黄 路标引导方向

　　有些植物的花，花瓣上有一些独特的花纹或斑点，这些花纹与斑点，都是为了替传粉昆虫指路而设计的路标。洋地黄的花是钟形花，它的雄蕊、雌蕊与花蜜都藏在花朵里，不容易从外面看到，而洋地黄为了让传粉昆虫能很快地找到花蜜，因此在花瓣上做了特别的设计。洋地黄的花瓣上，有着十分显眼的斑点。这些斑点，就是洋地黄为传粉昆虫安排的蜜源路标，传粉昆虫只要一路沿着这些斑点钻进花中，不仅能够找到美味的花蜜，饱餐一顿，同时洋地黄的花粉也能沾到昆虫身上，洋地黄就达到传粉的目的了。

雄蕊

洋地黄的雄蕊跟雌蕊在花的深处，被花瓣包覆着。花瓣可以保护雄蕊与雌蕊，而花瓣上的斑点路标，能指引昆虫钻进花朵中，帮忙传粉。

雄花

雌花

巨魔芋的大花是由许多小花组成，小花聚集在中间长柱状构造上，上半部是雄花，雄花只有雄蕊，下半部则是雌花，雌花则只有雌蕊，外面像花瓣的构造，其实是叶子变成的苞片，可以保护中间的花。巨魔芋的花散发出的臭味，很像尸臭味，所以又被称为尸花。

巨魔芋 臭花吸引苍蝇

花朵除了依靠特别的设计，来吸引传粉昆虫之外，许多花也会发出香味，用香气来吸引昆虫。不过有一类植物很特别，它们发出的并不是香味，而是浓烈的臭味。巨魔芋的花很巨大，可以高达3米，不过这一朵大花，其实是由许多的小花组合而成。巨魔芋也是用味道来吸引传粉昆虫，不过它们发出的是臭味，而不是香味。这是因为它们的传粉昆虫是苍蝇，或是某些甲虫，这些昆虫都是以腐坏的肉作为食物，因此巨魔芋散发出模仿腐肉的味道，非常臭，以吸引这些逐臭之夫。

巨魔芋的每朵小花授粉后，都会发育成一颗果实，所以巨魔芋的果实也都是聚集在一起生长的。

传播种子高手

植物的花授粉后，就会渐渐发育成果实与种子。种子是植物的新一代，必须离开母株，落地生根发芽，才能长成新的植株。不过种子不仅仅是要离开母株，而且最好还能传播得很远，这样才不会与母株在同一地方竞争养分。传得远，也让植物有机会获得更多的资源及生存空间，扩展族群的生活范围。为了让种子传得远，植物的果实演变出了许多精巧的设计，有的果实自己就能把种子弹出，有的则利用大自然的水和风，甚至是动物的帮忙，成功达成种子传播的目的。

扫描二维码回复【小牛顿】

即可观看独家科普视频

有很多植物是靠动物帮忙传播种子的，例如我们常吃的水果。为了吸引动物来吃，这些植物的果实大部分都有显眼的颜色，并散发出香气，让动物在很远的地方就能够看到、闻到。欧洲野苹果的果实，会吸引鸟类来吃，鸟类通常会将整个果实吃下，种子再随着排泄物排出，植物就达到传播种子的目的了。

果实

我们常见的各种白花鬼针草，也是鬼针草的一种，它的一朵大花，是由许多小花聚集而成的，所以小花发育成的果实，会聚集成一个有刺的小球。果实尖端的小刺，可以钩在动物的皮毛上，随着动物的移动，将种子传播出去。

鬼针草有刺果实钩着走

鬼针草干燥的果实，是一种很会搭便车的小东西。果实上面的小刺具有超强的抓力，很容易钩附在动物的皮毛上，使果实跟随着动物，到遥远的地方落地生根。鬼针草的许多果实聚集在一起，像是一堆细小的黑针；每一支小黑针的外形都相当简单，尖端有2～4根看起来像夹子的小刺，既可避免被鸟吃掉，又具有倒钩的作用，只要有人类或动物经过，小刺就可以紧紧抓住动物的皮毛或是人类的衣服，即使动物快跑，也不会轻易掉落。种子一旦被拔掉或抖落，接触到土壤，很快便会发芽长大。鬼针草借着这种搭便车的绝技，轻松达成传播种子的目的。

鬼针草的种类很多，而且分布在世界各地，它们的果实都有尖刺，皆是靠着动物帮忙传播。

蒲公英通常生活在气候温暖的地方，春秋两个季节会开花、结果。蒲公英在草地上的分布范围很广，这是因为它们的果实很小，而且很轻，再加上头上的白色冠毛，果实就可以轻易被风带走，传播出去了。

冠毛

果实

蒲公英 乘着小伞飞行

　　蒲公英是利用风来进行种子传播的。蒲公英花茎上亮黄色的花，其实是由无数朵小花组成的。每一朵小花凋谢了以后，都会结出细小而长的果实，每一个果实上方，还长有白色冠毛，这些冠毛聚集在一起，形成一个圆滚滚、毛茸茸的小球，这样的外形可以让受风面积变大，只要风一吹，白色冠毛便会带着下方的果实，一起被风带走。蒲公英果实伸展开来的白色冠毛，看起来就像一把小白伞，不但可以增加空气浮力，也像是一个小型飞行伞，载着果实内成熟的种子，乘风展开旅行。冠毛能让风把种子带得更远，让蒲公英的族群散播得更广。

杨树 随风而飘的白絮

　　每年春天，杨树上都会长满如毛毛虫一般、一串串的小花，当小花全数凋谢、发育成果实，并成熟后，一个个的小果实便会裂开，释放出里头蓬松的白色绒毛。这些轻盈的白色绒毛，是杨树传播种子的重要构造。这些绒毛长在杨树细小的种子上，因为有着这些又多又长的细绒毛，只要吹来一阵风，轻飘飘的绒毛就会被风吹起，种子便能跟着被带起，随风四处飘扬，传播到很远的地方，寻找适合落地生根的地方。杨树靠着风的帮忙，成功拓展生存空间。

花

果实

种子

枫的翅果是一对并生在一起。果实成熟时，会逐渐干燥，之后会被风吹落，并在空中旋转，再靠着风将果实带到远方。

枫靠翅膀飞行

　　枫的果实属于翅果的一种，它拥有相当神奇的结构，可以在风中"飞行"，完成传播种子的目的。一串串挂在树上的枫树果实，都是两枚并列成一组，每一枚果实都有一个由果皮延伸、发育而来的"翅"，这个翅虽然不能真的像鸟的翅膀一样，自由挥动飞行，不过一旦果实脱离树枝，翅却可以像竹蜻蜓那般开始旋转，这样一来，除了可以避免果实立刻下坠到地上，还能借着风力的推动和空气的浮力，大大延长果实在空中停留的时间，让风可以将果实带离母树，到更为遥远的地方繁殖。

枫树的种类很多，几乎遍布北半球。它们的果实都是翅果，翅果有大有小，翅果掉落时，有时是一对一起掉落，有些则是分离后掉落。

风滚草 风吹滚动到处跑

风滚草主要生长在气候比较干燥的地方，它那枯黄的草团经常被风吹得到处滚动，其实种子就在这不断滚来滚去的过程中，完成传播的重要任务！当风滚草的种子快要成熟时，整棵植物就会开始干枯，变得非常脆弱，强风吹刮之下，整株草会从茎的基部断裂，顺着风势卷成松松的草团，连同成熟的种子一起被风带着走。这样一来，种子也就能借着草团在风中移动，到达新的地方生长。风滚草传播的方式可以分为两种，一种是在滚动时就将种子喷撒出去，另一种则是等草团滚到潮湿的地方后，草团吸水膨胀、腐烂，种子才落到地面，而腐烂的草团正好能作为种子发芽的养分。

椰子 乘着海水去旅行

　　生长在海边的椰子树，是大自然中少数可以借着海水来传播的植物。为了让果实能不受海水的侵蚀，椰子果实的外皮坚硬且防水，可以阻挡咸咸的海水；果实里面的粗纤维层，则排列十分疏松，使椰子果实能漂浮在海上；果实里大量的椰汁和椰肉，则负责供给种子萌芽时所需的营养和水分。这些独特的构造，造就了椰子果实能够靠着海水，长时间旅行的高强本领。当成熟的椰子果实掉落到海里，便会随波逐流，漂洋过海，等到浪潮将其冲回岸上，在适当的环境下，种子就能生根发芽，成功繁殖出强壮的椰子树。

椰肉

椰子厚厚的果皮充满纤维，里面藏有许多空气，可以让沉重的果实浮在水面上。椰子中间的椰汁及白色的椰肉，都是椰子发芽长大的养分来源。

胚茎

果实

秋茄树的花凋谢后，会长出圆锥状的果实，果实内的种子发芽后，会继续吸收母株的养分长大，形成胎生苗，等到发育到一个阶段后，才会掉落。

秋茄树 笔状胎生苗

　　秋茄树生长在淡水和海水交汇的河流出海口，潮水来回冲刷，水中的盐分比陆地高出许多，并不适合一般植物生长，但秋茄树演化出一种少见的繁殖方式，发育"胎生苗"来让后代的存活率变高。秋茄树的果实成熟后，并不会立刻掉落，种子会直接在树上发芽，钻破果实，发育成胎生苗，远看很像一支支细长的笔。由于胎生苗已经具有强壮的胚茎，只要掉落到泥土上，就能生根，继续发育成树的机会比种子更高。一部分胎生苗掉落时可以直接插入土中，并在潮汐中抓住泥土生长，还有一些胎生苗会被潮水冲走，带往其他空旷的地方，因此拥有更多的发育空间，顺利成长，让红树林的面积持续扩大。

秋茄树胎生苗掉落到泥土上后，胚茎的上、下两端分别会长出叶和根。虽然这样的传播方式，并没有办法让种子传播得非常远，不过能在恶劣的环境中，增加种子成功长大的概率。

35

凤仙花类植物有很多种，开花结果后，都会结出蒴果。凤仙花的蒴果成熟后，利用裂开时果皮卷起的瞬间力量，将蒴果里的种子弹出。

蒴果

凤仙花弹跳的种子

凤仙花这类的植物，它们的果实发展出一种独特的"弹跳神功"，让种子可以靠着果实本身非凡的弹力，轻松传播出去！凤仙花果实在发育的过程中，会在果皮内累积强大的张力。当果实成熟，果皮从接缝处开裂，果皮裂片向内卷起，张力瞬间释放出来，种子便被弹飞出去，往四面八方散播，这就是凤仙花传播种子时所展现的独特"弹跳功"；只要天气适合，或是有轻微的碰触，不必等待动物来帮忙传播，凤仙花靠着自己的力量，就能够将种子传播出去，之后种子发芽成长，就能发展出更大一片凤仙花丛了。

凤仙花弹射种子的力量很强，种子可以弹飞将近一米远。

裂开前

裂开后

种子

37

观音莲是多肉植物，可以生长在较干燥的地区，但是在如此资源缺乏、恶劣的环境中，种子萌发后，很少能成功地长大，因此，少数幸存的观音莲，会向四周伸出侧芽，直接长出许多新的观音莲，迅速扩张地盘。

侧芽

特殊繁殖高手

  开花、结果是植物最常使用的繁殖招数，不同的植物，各有着千奇百怪的方式，来传播花粉和种子，以求能有更高的繁殖成功率，并拓展出更大的生存空间。但是，在大自然中，还有一群植物，能进行其他更奇特的繁殖方式，不需要开花结果，就可以直接施展分身术，从身体的各个构造，变出许多后代，在有限的土地上，快速扩张领土，借此获得生存优势。

扫描二维码回复【小牛顿】

即可观看独家科普视频

空气凤梨 侧芽生孩子

空气凤梨是一般食用菠萝的近亲，但空气凤梨不长在地面上，而是用稀疏的根附着在树干上，并且用叶片吸收雨水和空气中的水汽为生，生长速度很缓慢，而且，大多数的空气凤梨，一辈子只能开一次花，而能够成功发芽、长大的种子又很少。因此，空气凤梨演变出了另一个繁殖秘技，利用侧芽来繁殖后代。成功长大的空气凤梨，会从基部冒出多个侧芽，侧芽长大之后，也会再冒出更多侧芽，空气凤梨就利用这招侧芽分身术，在原地建立起庞大的家族，成功延续了族群的生命。

母株

子株

由种子长出的幼苗，需要3～5年才能长大成熟，但母株旁冒出的子株，只需要1年，就可以长得和母株一样大，而母株则会渐渐萎缩。

侧芽

空气凤梨喜欢附着在树干上生长，大部分种类喜欢生长在潮湿的热带地区，利用叶片吸收空气中的水汽。

落地生根 长出小芽的叶子

　　落地生根原产于非洲热带地区，耐热又耐旱，生命力很强。但是在干旱的环境中，种子不易发芽，不过落地生根的叶片边缘有许多的生长点，每一个生长点，都能直接长出一棵小芽，这些小芽会利用母株提供的营养来成长，一旦长得够大，就很容易因为风吹、动物碰触而掉落下来，落到土壤上后，小芽就要展开独立生活，慢慢长成一棵成熟的落地生根，继续繁衍后代。因为落地生根的小芽通常都掉落在附近，所以经常可以见到一大片落地生根生长在一起。

小芽　　　生长点

落地生根每一片叶片的边缘都可以长出许多小芽，小芽会吸收母株的养分，发育到一个阶段，才会落到地面，因为有来自母株提供的营养，所以小芽的存活概率很高。

厚叶草生活在墨西哥，生长在海拔 600 ~ 1200 米的地方。像厚叶草这种多肉植物，为了在水少的环境生长，它们的叶片有许多的改变，除了可以储存大量水分，气孔数量也会比较少，避免水分散失。

厚叶草叶子分身术

多肉植物大都具有肥厚的叶片，每一片叶片里都储存了大量的水分及养分，让它们能够在雨量少的干旱地区存活。厚叶草也是多肉植物的一种，它肥厚的叶片，还具有另一项超能力。厚叶草的叶片如果不小心受到撞击而掉落，储存在里面的水分和养分，可不会就此白白浪费掉。每一片掉落的叶片，都可以直接冒出小芽，向下长根，渐渐长成一棵全新的厚叶草，而且有叶片提供营养，小芽成长的速度，比种子萌发的芽快很多，存活概率也更高，帮助它们在艰困的环境中繁衍后代。

新芽通常会从断裂处冒出，并往下扎根，靠着叶片提供的营养，快速长大。

45

紫叶酢浆草 断裂鳞茎长新芽

　　紫叶酢浆草广泛分布于世界各地，虽然它经常开花，但是却几乎不结果，因此紫叶酢浆草通常不用种子来繁殖后代。紫叶酢浆草在土中有短短的鳞茎，鳞茎上长满肥厚的鳞状叶。鳞茎会慢慢向上长高，而当鳞茎钻出土表后，只要不小心被动物碰触到，就可能会断成好几节，掉落到地面上，每一段断裂的鳞茎都能长成一株全新的酢浆草。即使只有一片鳞状叶剥落下来，只要基部还有部分的茎，就可以靠着鳞状叶储存的养分，生根发芽。

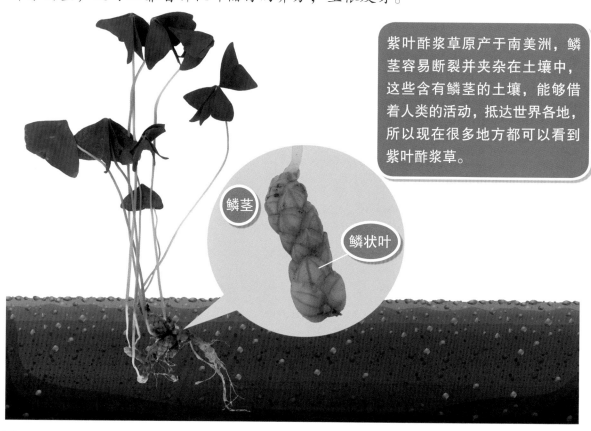

紫叶酢浆草原产于南美洲，鳞茎容易断裂并夹杂在土壤中，这些含有鳞茎的土壤，能够借着人类的活动，抵达世界各地，所以现在很多地方都可以看到紫叶酢浆草。

鳞茎

鳞状叶

鳞茎

鳞茎会不断向上长高，高出土壤后，就很容易因为动物的碰触而断裂，并且被动物不经意地带到其他地方。

47

母株

子株

走茎

48

草莓 长长走茎到处长

　　早春是草莓开花、结果的季节，甜美多汁的草莓果肉，能吸引许多动物来帮忙传播种子，达到繁殖的目的。进入夏天之后，草莓虽然不再开花，但会继续进行另一种繁殖招数，不断向四面八方，伸出一条条长长的走茎，只要走茎碰触到潮湿的土壤，走茎上就会长出小芽，并往下扎根，长成一株新的草莓，而伸出走茎的草莓母株，还可以透过走茎，直接将养分输送给成长中的子株，子株因此可以快速长大。走茎让草莓随时都能繁衍下一代，不用等待来年开花结果，还能扩张生存空间，取得更多的生存资源。

草莓的走茎可以伸得很长，子株就不会靠母株太近，避免相互竞争土中的水分与养分。

49

莲的果实就是莲子。莲子很轻，可以漂浮在水上，随着水流传播出去。

莲 地下茎四处蔓延

　　莲总是一大片、一大片地占领池塘，而且在莲生长的地方，很少看到其他的水生植物，因为要和莲竞争生长空间，是很不容易的。莲不只能靠着开花结种子来繁殖，它们在看不见的水底泥土中，还长有肥大的地下茎，这些地下茎称为莲藕。莲藕有很多节，而且会不断长出更多的节，往左右扩张领土，莲藕还会朝其他方向长出分支，在土里不断向四周扩张，莲叶和莲花也会从莲藕不断向上冒出，莲花就靠着这招，从水底下，渐渐地占领整个池塘，靠着快速繁殖的优势，击退其他的竞争对手，成功生长出新的植株，持续繁衍下一代。

地下茎

根

莲花的地下茎不只让它可以快速繁殖，肥大的地下茎也可以储存养分和水分，帮助莲花熬过干旱时期，不容易死亡。莲藕内的中空部分可储存空气，让根和茎部可以呼吸。

蕨类 孢子纷飞繁殖

蕨类是一类很特殊的植物,它们不会开花,因此也不会结种子,它们有自己一套独特的繁殖方式,在它们的叶子背面,有一团一团褐色的东西,这些就是蕨类繁殖后代的构造。这些褐色的东西,其实是由许许多多的孢子囊聚集而成的孢子囊群。孢子囊里面有许多的孢子,当孢子还未成熟时,叶背的孢子囊群是绿色的,当孢子成熟后,孢子囊堆就会变成褐色,孢子囊也会爆裂开来,释放出无数的孢子,孢子非常细小,很容易随着风吹和水流飘散出去,只要掉落到适合的环境,就可能长成一棵新的蕨类。

肾蕨

鸟巢蕨

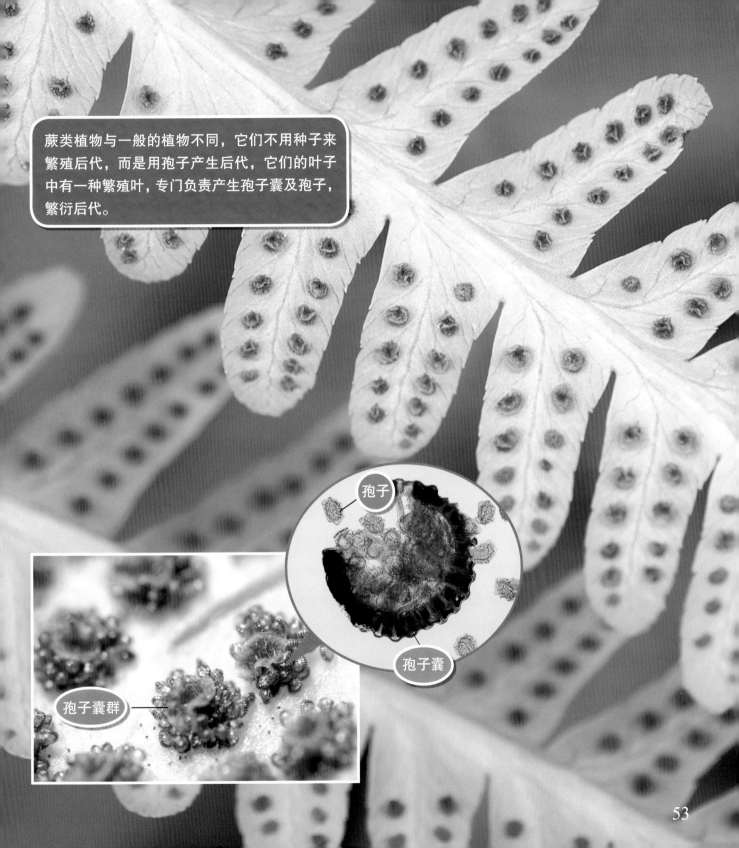

蕨类植物与一般的植物不同，它们不用种子来繁殖后代，而是用孢子产生后代，它们的叶子中有一种繁殖叶，专门负责产生孢子囊及孢子，繁衍后代。

孢子

孢子囊

孢子囊群

东方狗脊 满满的不定芽

　　东方狗脊也是蕨类的一种，分布于中国华南及东亚一带，喜欢生长在温度高且潮湿的环境中。它们有着长达 1 米的巨大叶片，叶片分岔成细小的羽状。东方狗脊不只能使用孢子来繁殖，它们还有一种十分奇特的方式。它们的叶片上，会长出密密麻麻的不定芽，数量很多，看起来非常壮观。这些不定芽刚开始只是一团一团的小小突起，接着会长出 1～2 片的小叶子，这时这些不定芽，就已经准备好离开母株了，只要轻轻地一碰，不定芽很容易就掉落下来，随着风或水流散布出去，只要遇到适合的环境，就能茁壮长大。

发育中的不定芽

东方狗脊的不定芽刚长出来的时候，是红色的，长大后，才会渐渐变成绿色。

图书在版编目（CIP）数据

植物生存高手. 繁殖篇 / 小牛顿科学教育公司编辑团队编著. —— 北京 ： 北京时代华文书局，2018.10
（小牛顿生存高手）
ISBN 978-7-5699-2579-1

Ⅰ. ①植… Ⅱ. ①小… Ⅲ. ①植物—少儿读物 Ⅳ.①Q94-49

中国版本图书馆CIP数据核字(2018)第211963号

版权登记号 01-2018-6428

文稿策划：
蔡依帆、廖经容、王淑华
照片来源：
Shutterstock：P2、P4～33、P34秋茄树果实、P36～38、P41～45、P47～55
牛顿／小牛顿资料库：P34秋茄树胚茎、P35、P40、P41空气凤梨侧芽、P46、P47鳞茎
插画：
Shutterstock：P3、P46土壤
牛顿／小牛顿资料库：P39、P48走茎、P51莲藕
赖铃雯：P4～6、P15、P18、P22、P44、P47、P55

植 物 生 存 高 手 　 繁 殖 篇
Zhiwu Shengcun Gaoshou Fanzhipian

编　　著｜小牛顿科学教育公司编辑团队

出 版 人｜王训海
选题策划｜王训海
责任编辑｜许日春　沙嘉蕊
审　　定｜史　军
装帧设计｜九　野　孙丽莉
责任印制｜刘　银

出版发行｜北京时代华文书局 http://www.bjsdsj.com.cn
　　　　　北京市东城区安定门外大街138号皇城国际大厦A座8楼
　　　　　邮编：100011　电话：010-64267955　64267677
印　　刷｜小森印刷（北京）有限公司　010-80215073
　　　　　（如发现印装质量问题，请与印刷厂联系调换）
开　　本｜889mm×1194mm　1/20　印　张｜3　字　数｜37.5千字
版　　次｜2019年5月第1版　印　　次｜2019年5月第1次印刷
书　　号｜ISBN 978-7-5699-2579-1
定　　价｜28.00元